Collina Kambai

Inquérito sobre a produção de mel e os condicionalismos em Bokkos L.G.A., Nigéria

Collina Kambai

Inquérito sobre a produção de mel e os condicionalismos em Bokkos L.G.A., Nigéria

ScienciaScripts

Imprint

Any brand names and product names mentioned in this book are subject to trademark, brand or patent protection and are trademarks or registered trademarks of their respective holders. The use of brand names, product names, common names, trade names, product descriptions etc. even without a particular marking in this work is in no way to be construed to mean that such names may be regarded as unrestricted in respect of trademark and brand protection legislation and could thus be used by anyone.

Cover image: www.ingimage.com

This book is a translation from the original published under ISBN 978-620-2-07576-3.

Publisher:
Sciencia Scripts
is a trademark of
Dodo Books Indian Ocean Ltd. and OmniScriptum S.R.L publishing group

120 High Road, East Finchley, London, N2 9ED, United Kingdom
Str. Armeneasca 28/1, office 1, Chisinau MD-2012, Republic of Moldova, Europe
Printed at: see last page
ISBN: 978-620-7-91705-1

DEDICAÇÃO

A Deus Todo-Poderoso e à minha querida família (cujo amor desinteressado é tudo para mim).

ÍNDICE DE CONTEÚDOS

RESUMO 3

CAPÍTULO 1 4

CAPÍTULO 2 9

CAPÍTULO 3 26

CAPÍTULO 4 29

CAPÍTULO 5 42

REFERÊNCIAS 44

RESUMO

O estudo foi efectuado nos sete distritos da área do Governo Local de Bokkos do Estado de Plateau, Nigéria. O objetivo do estudo era identificar o sistema de produção de mel e os principais constrangimentos da apicultura na área de estudo. Foram distribuídos questionários estruturados nos distritos e nas aldeias a 68 apicultores, utilizando uma amostragem aleatória estratificada. Os dados recolhidos foram analisados utilizando o SPSS versão 20 e estatísticas descritivas para as características socioeconómicas dos inquiridos e as práticas apícolas na área de estudo, enquanto o índice de classificação de Musa *et al.,* (2006) foi utilizado para analisar os dados sobre os constrangimentos. O estudo utilizou entrevistas e observação visual como métodos para procurar respostas às questões de investigação. Os resultados do estudo revelaram que a quantidade máxima de mel colhido/colmeia/ano da colmeia tradicional e da colmeia de transição era de 10 litros e 200 litros, respetivamente, embora menos inquiridos utilizassem a colmeia de transição, mas esta produzia um rendimento mais elevado. A maioria dos apicultores possuía colmeias tradicionais (92,65%) e cerca de 7,35% dos apicultores possuíam colmeias de transição. As práticas actuais e a colocação de colónias de abelhas na área de estudo eram maioritariamente dos pais ((98,53%- 1st) e depois debaixo de grutas e penduradas na floresta (94,12%- 2nd). Cerca de 95,59% dos apicultores da amostra usavam recipientes de plástico, 2,94% usavam tampas de vasos de barro e 1,47% usavam tampas de cabaça, não havia uso de recipientes de metal. Os principais constrangimentos à atividade apícola na área de estudo foram as pragas e os predadores (75%), os pesticidas e os predadores (23,53%) e a migração (1,47%). A danificação das colmeias e o roubo de mel (ladrões) foram outros constrangimentos identificados pelos apicultores. A fim de sustentar a atividade apícola na área de estudo, recomenda-se que haja um serviço de extensão acessível e adequado, fornecendo insumos apícolas baratos, capacitando os apicultores, ou seja, mecanismo de controlo de pragas e predadores com formação adequada sobre práticas apícolas modernas.

Palavras-chave: Mel, Produção, Restrições, Apicultura, Colmeias

CAPÍTULO 1

1.0 INTRODUÇÃO

1.1 Antecedentes do estudo

O mel é um alimento natural doce produzido pelas abelhas a partir da água, do pólen e do néctar das flores (Cantarelli *et al.,* 2008). A variedade produzida pelas abelhas melíferas (o género *Apis)* é a mais comummente referida, uma vez que é o tipo de mel recolhido pela maioria dos apicultores e consumido pelas pessoas (Famuyide *et al.,* 2014). Folayan e Bifarin (2013), relataram que o mel é produzido pelas abelhas operárias principalmente a partir do néctar das flores ou do orvalho do mel nas folhas. O néctar é reduzido a mel contendo predominantemente hidratos de carbono com muito pouca proteína, vitaminas, minerais, enzimas, aminoácidos e bem como outros vários compostos como compostos fenólicos que se pensa funcionarem como antioxidantes (Oyeleke *et al.,* 2010, James *et al.*, 2013). Estes componentes químicos são de grande importância, uma vez que influenciam a qualidade de conservação, a granulação, a textura, bem como a eficácia nutricional e medicinal do mel (Surendra, 2008). O mercado da apicultura e da produção de mel é enorme. Desde a cosmética, a medicina, a confeitaria, a indústria farmacêutica e os grupos religiosos, a procura de mel biológico e de outros produtos biológicos é cada vez maior.

Os especialistas em apicultura da Nigéria tentaram substituir o petróleo como principal fonte de divisas nacionais, mas a apicultura e a indústria local de produção de mel da Nigéria não registaram um crescimento rápido. Pelo contrário, a indústria entrou em declínio, com a diminuição do número de apicultores, apiários e colmeias, o que se reflecte na escassa oferta de mel, um adoçante saudável e natural.

O mel também é produzido por abelhas, abelhas sem ferrão e outros insectos himenópteros, como as vespas do mel, embora a quantidade seja geralmente inferior e as suas propriedades sejam ligeiramente diferentes das do mel do género *Apis*. As abelhas transformam o néctar em mel através de um processo de regurgitação e evaporação: armazenam-no como fonte primária de alimento em favos de cera no interior da colmeia. O mel obtém a sua doçura a partir dos monossacáridos frutose e glucose, e tem aproximadamente a mesma doçura relativa que o açúcar granulado. Tem propriedades químicas atractivas para a panificação e um sabor distinto que leva algumas pessoas a preferi-lo ao açúcar e a outros edulcorantes (National Honey Board, 2012).

A apicultura, a criação e manutenção de abelhas por razões comerciais, começa frequentemente como um passatempo que pode mais tarde ser expandido para um pequeno negócio. Uma empresa de apicultura pode fornecer mel comercializável e servir como fonte de polinizadores para culturas cultivadas nas proximidades (Webster, 2009). As principais fontes de pólen e néctar para as abelhas são a palma, o feijão, o caju, a manga, as árvores de fruta-pão africanas, entre outras. A apicultura para produção de mel é uma atividade agrícola rentável em todas as partes do mundo, incluindo a Nigéria. É uma importante fonte de divisas para os países que exportam mel e cera de abelha. O mel é um líquido doce e viscoso, de cor dourada escura, produzido pelas abelhas a partir de pólens e néctares e armazenado em favos de mel nas colmeias. Infelizmente, a apicultura como empreendimento comercial está ainda largamente inexplorada na Nigéria, e o país satisfaz a procura interna de mel principalmente através da importação de países produtores (Ja'afarfuro, 2007; Ayansola, 2009). Há um consumo crescente de mel e de outros produtos apícolas devido ao seu elevado valor na manutenção da saúde e no tratamento de feridas, infecções oculares e várias doenças. Com o atual crescimento do consumo interno de mel na Nigéria, juntamente com a agricultura mecanizada em todas as partes da Nigéria (resultando em grandes áreas de cultivo), o futuro da empresa apícola é muito promissor, uma vez que a procura de mel e de polinizadores está destinada a aumentar, o custo da apicultura é baixo em comparação com outros tipos de agricultura, juntamente com o seu elevado retorno sobre o investimento.

A apicultura é um sector que pode ajudar a desenvolver as zonas rurais da Nigéria através do aumento do rendimento agrícola (Bradbear, 1991; Oduntan, 1999). Pode também proporcionar oportunidades de emprego para a maioria dos indivíduos sem emprego que vivem nas zonas rurais. No entanto, existem grandes obstáculos ao desenvolvimento da apicultura nos países tropicais, principalmente devido à falta de capital, bem como à falta de assistência técnica adequada para os apicultores. Apesar do ambiente climático e socioeconómico favorável, do baixo custo e da disponibilidade suficiente de plantas com flor e de mão de obra, a maioria dos países em desenvolvimento tem os seguintes problemas em comum: falta de mão de obra treinada e de conhecimentos técnicos adequados, limitação de recursos, especialmente no caso de doenças endémicas que afectam as colónias de abelhas, falta de informação sobre mercados internos/externos adequados, tecnologia de processamento inadequada para a diversificação de produtos, falta de recursos financeiros para o desenvolvimento sustentável da apicultura, entre outros (Dukku, 2001).

Apesar do facto de a produção de mel aumentar o rendimento dos habitantes das zonas rurais, as técnicas adequadas de colheita e de comercialização do mel ainda não foram totalmente utilizadas pelas famílias da área de estudo.

1.2 Declaração do problema

Apesar da agroecologia favorável à produção de mel e do número de colónias de abelhas de que o país dispõe, o nível de produção e produtividade do mel no país continua baixo. Um dos factores proeminentes para esta baixa produtividade do mel são as colmeias tradicionais. No entanto, como qualquer outro sector pecuário, este subsector tem sido seriamente devastado por constrangimentos complicados. Os constrangimentos de produção prevalecentes no subsector apícola do país variam em função da agroecologia das áreas onde as actividades são realizadas (Ayalew, 1994; Edessa, 2002). Os principais constrangimentos que afectam o subsector da apicultura são: falta de conhecimentos apícolas, falta de mão de obra qualificada, falta de equipamento apícola, pragas e predadores, ameaça de pesticidas, desenvolvimento deficiente de infra-estruturas, falta de forragem para as abelhas e falta de extensão da investigação. Os agricultores não podem obter os benefícios que deveriam obter do subsector da apicultura porque mais de 90% dos apicultores seguem o método tradicional de apicultura. Este facto contribui para o baixo rendimento e a baixa qualidade dos produtos apícolas. A baixa produtividade e a qualidade dos produtos apícolas são os principais impedimentos económicos para os apicultores (Nuru 1999). Os produtos apícolas são geralmente produzidos em pequena escala no país, o que pode ser atribuído à atitude das pessoas de não tomarem a apicultura como uma forma de vocação, o que as torna ingénuas dos seus numerosos benefícios, fazendo assim com que a taxa de expansão da indústria apícola seja relativamente baixa em comparação com outros campos da agricultura na Nigéria. Esta baixa taxa de expansão pode estar relacionada com o desconhecimento grosseiro da utilização e do valor do mel e de outros produtos da colmeia, com um método de recolha, transformação e conservação deficiente e ineficaz (Cantarelli *et al.*, 2014), bem como com um manuseamento deficiente que resulta num produto de qualidade inferior. A Bokkos L.G.A., situada no Estado de Plateau, é uma das principais zonas da Nigéria onde a apicultura é altamente praticada, mas tem havido pouca ou nenhuma documentação de investigação sobre o sistema de produção ao longo dos anos.

1.3Questões de investigação

i. Quais são as características socioeconómicas dos inquiridos na área de estudo?

ii. Quais são os métodos de inspeção das colmeias praticados pelo inquirido na área de estudo?

iii. Quais são as práticas apícolas existentes na zona de estudo?

iv. Quais são os principais constrangimentos que afectam a produção de mel na área de estudo?

1.4Finalidade e objectivos do estudo

O objetivo do estudo é realizar um estudo sobre o sistema de produção de mel e os constrangimentos em Bokkos L.G.A., Estado do Plateau. Enquanto os objectivos específicos são

(i) Descrever as características socioeconómicas dos apicultores da zona de estudo;

(i) avaliar a prática apícola existente na zona de estudo; e

(ii)identificar os principais constrangimentos a um sistema de produção eficaz na zona de estudo.

1.5Justificação do estudo

A apicultura é uma atividade que precisa de ser desenvolvida, uma vez que existe uma grande margem para alargar a sua base na Nigéria. A Nigéria possui um enorme potencial para transformar a apicultura numa indústria produtiva. A apicultura pode desempenhar um papel vital no aumento do rendimento rural e contribuir para o aumento das receitas de exportação, o seu papel na conservação da biodiversidade, a utilidade dos produtos da colmeia como matéria-prima para as indústrias locais, incluindo a da panificação, em que os padeiros compram grandes quantidades de mel para utilizar em bolachas, biscoitos e outros produtos de pastelaria. São também utilizados na confeitaria, na formação, nos cosméticos, nos produtos farmacêuticos, etc., que atualmente importam materiais como a cera de abelha e o própolis. Desta forma, a apicultura poderia também poupar as nossas escassas divisas de exportação de petróleo bruto como principais produtos. Embora a apicultura seja imensamente praticada na área de estudo, não há informações de investigação sobre a produção de mel e os constrangimentos da apicultura na área de estudo, o que é muito essencial para melhorar o seu rendimento e satisfazer a sua procura cada vez maior. Assim, este trabalho de investigação procura avaliar o sistema de produção de mel na área de estudo e identificar os principais constrangimentos da apicultura na área de estudo.

1.6 Âmbito do estudo

Este trabalho de investigação foi realizado com base no estudo do sistema de produção de mel e dos condicionalismos em Bokkos L.G.A. do Estado de Plateau. Foram seleccionados um total de sete (7) bairros e seis (6) aldeias em Bokkos L.G.A., onde a apicultura é muito praticada. Estas alas incluem: Dashit, Gonde, Hottom, Hunti, Josho, Mandung, Mundat. As aldeias incluem: Daffo, Sha, Karfa, Gonde, Manguna, Ambui. Um total de 70 questionários foram distribuídos entre os apicultores para obter informações. O número de questionários foi administrado com base no número de apicultores nas aldeias, utilizando o método de amostragem aleatória estratificada. Os questionários distribuídos basearam-se na população-alvo de apicultores da área de estudo (Karfa - 26, Gonde -12, Daffo - 9, Hunti - 10, Mundat- 10 e Ambul - 3 questionários), respetivamente.

CAPÍTULO 2

2.0 REVISÃO DA LITERATURA

2.1 Classificação

2.1.1 *Fonte floral*

Geralmente, o mel é classificado de acordo com a origem floral do néctar a partir do qual foi produzido. Os méis podem ser provenientes de tipos específicos de néctares de flores ou podem ser misturados após a recolha. O pólen contido no mel é rastreável à fonte floral e, por conseguinte, à região de origem. As propriedades reológicas e melissopalinológicas do mel podem ser utilizadas para identificar a principal fonte de néctar vegetal utilizada na sua produção (Manuka *et al., 2012)*

2.1.2 *Misturado*

A maior parte do mel disponível no mercado é misturado, o que significa que é uma mistura de dois ou mais méis que diferem em termos de fonte floral, cor, sabor, densidade ou origem geográfica (Manuka *et al., 2012*).

2.1.3 *Polifloral*

O mel polifloral, também conhecido como mel de flores silvestres, é derivado do néctar de muitos tipos de flores. O sabor pode variar de ano para ano, e o aroma e o sabor podem ser mais ou menos intensos, consoante as florações predominantes (Mountain Wildflower Honey)

2.1.4 *Monofloral*

O mel monofloral é produzido principalmente a partir do néctar de um tipo de flor. Os diferentes méis monoflorais têm um sabor e uma cor distintos devido às diferenças entre as suas principais fontes de néctar. Para produzir mel monofloral, os apicultores mantêm as colmeias numa zona onde as abelhas só têm acesso a um tipo de flor. Na prática, devido às dificuldades de contenção das abelhas, uma pequena parte do mel será proveniente de néctar adicional de outros tipos de flores. Os exemplos típicos de méis monoflorais da América do Norte são o trevo, a flor de laranjeira, o mirtilo, a salva, o tupelo, o trigo mourisco, a erva-do-fogo, a mesquite e o pau-santo. Alguns exemplos europeus típicos incluem o tomilho, o cardo, a urze, a acácia, o dente-de-leão, o girassol, a alfazema, a madressilva e as variedades de tília e castanheiro. No Norte de África (por exemplo, no Egipto), os exemplos incluem o trevo, o algodão e os citrinos (principalmente as flores de laranjeira). A flora única da Austrália produz uma série de méis distintos, sendo alguns dos mais populares o de caixa amarela, goma azul, casca de ferro, mallee do mato, leatherwood da Tasmânia e macadâmia.

2.1.5 *Mel de melada*

Em vez de néctar, as abelhas podem consumir melada, as secreções doces dos pulgões ou de outros insectos que sugam a seiva das plantas. O mel de melada tem uma cor castanha muito escura, com um aroma rico a fruta cozida ou compota de figo, e não é tão doce como o mel de néctar. A Floresta Negra da Alemanha é uma fonte bem conhecida de mel de melada, bem como algumas regiões da Bulgária, Tara (montanha) na Sérvia e o Norte da Califórnia nos Estados Unidos. Na Grécia, o mel de pinheiro (um tipo de mel de melada) constitui 60 a 65% da produção anual de mel. O mel de melada é popular em algumas zonas, mas noutras zonas os apicultores têm dificuldade em vender o produto de sabor mais forte *(Gounari, 2006)*.

A produção de mel de melada apresenta algumas complicações e perigos. O mel de melada tem uma percentagem muito mais elevada de substâncias indigestas do que os méis florais ligeiros, o que provoca disenteria nas abelhas, resultando na morte das colónias nas regiões com invernos frios. Uma boa gestão apícola exige a remoção da melada antes do inverno nas zonas mais frias. As abelhas que recolhem este recurso também têm de ser alimentadas com suplementos proteicos, uma vez que a melada não tem o acompanhamento do pólen rico em proteínas colhido nas flores.

2.2 Produção

Em 2013, foram produzidas 1,7 milhões de toneladas de mel em todo o mundo, sendo a China responsável por 28% do total mundial. (Quadro) Os quatro maiores produtores seguintes, Turquia, Argentina, Ucrânia e Rússia, representaram coletivamente menos de 20 % do total mundial.

Quadro 1: Os cinco principais países produtores de mel (milhões de toneladas)

Classificação	País	2013
1	China	0.47
2	Turquia	0.09

3	Argentina	0.08
4	Ucrânia	0.07
5	Rússia	0.07
-	Mundo	1.7

Fonte: Organização das Nações Unidas para a Alimentação e a
Agricultura, FAOSTAT

2.3Classificação por embalagem e transformação

Geralmente, o mel é engarrafado na sua forma líquida conhecida. No entanto, o mel é vendido noutras formas e pode ser sujeito a uma variedade de métodos de processamento.

O mel cristalizado é o mel em que uma parte da glucose se cristalizou espontaneamente a partir da solução como monohidrato. Também chamado de "mel granulado" ou "mel cristalizado". O mel cristalizado (ou o mel cristalizado comprado comercialmente) pode voltar ao estado líquido através do aquecimento

O mel pasteurizado é o mel que foi aquecido num processo de pasteurização que requer temperaturas de 161°F (72 °C) ou superiores. A pasteurização destrói as células de levedura. Também liquefaz quaisquer microcristais no mel, o que atrasa o início da cristalização visível. No entanto, a exposição excessiva ao calor também resulta na deterioração do produto, pois aumenta o nível de hidroximetilfurfural (HMF) e reduz a atividade das enzimas (por exemplo, a diastase). O calor também afecta a aparência (escurece a cor natural do mel), o sabor e a fragrância (Subramanian *et al., 2007).* **O mel cru** é o mel tal como existe na colmeia ou tal como é obtido por extração, decantação ou filtração, sem adição de calor (embora algum mel que tenha sido "minimamente processado" seja frequentemente rotulado como mel cru). O mel cru contém algum pólen e pode conter pequenas partículas de cera.

O mel filtrado é passado através de uma rede para remover as partículas (pedaços de cera, própolis e outros defeitos) sem remover o pólen, os minerais ou as enzimas.

O mel filtrado é um mel de qualquer tipo que foi filtrado de forma a remover todas ou a maior parte das partículas finas, grãos de pólen e bolhas de ar, ou outros materiais normalmente encontrados em suspensão. O processo normalmente aquece o mel a 150-170 °F (66-77 °C) para passar mais facilmente pelo filtro. O mel filtrado é muito claro e não cristaliza tão rapidamente, o que o torna preferido pelos supermercados *(Damerow, 2011)*

O mel ultrassónico foi processado por ultra-sons, uma alternativa de processamento não térmico para o mel. Quando o mel é exposto à ultra-sons, a maior parte das células de levedura são destruídas. As células que sobrevivem à ultra-sons perdem geralmente a sua capacidade de crescimento, o que reduz substancialmente a taxa de fermentação do mel. A ultrassonografia também elimina os cristais existentes e inibe a cristalização adicional no mel. A liquefação auxiliada por ultra-sons pode funcionar a temperaturas substancialmente mais baixas de aproximadamente 95 °F (35 °C) e pode reduzir o tempo de liquefação para menos de 30 segundos. (Processamento de mel por ultra-sons)

O mel em creme, também chamado de mel batido, mel fiado, mel batido, fondant de mel e (no Reino Unido) mel preparado, foi processado para controlar a cristalização. O mel batido contém um grande número de pequenos cristais, que impedem a formação de cristais maiores que podem ocorrer no mel não processado. O processamento também produz um mel com uma consistência suave e fácil de espalhar. (Sharma, 2005)

O mel seco tem a humidade extraída do mel líquido para criar grânulos completamente sólidos e antiaderentes. Este processo pode ou não incluir a utilização de agentes secantes e antiaglomerantes. O mel seco é utilizado em produtos de pastelaria e para guarnecer sobremesas.

O mel de favo é o mel que ainda se encontra nos favos de cera das abelhas. Tradicionalmente, a sua recolha é efectuada através da utilização de quadros de madeira normalizados nas alças de mel. Os quadros são recolhidos e o favo é cortado em pedaços antes de ser embalado. Em alternativa a este método de trabalho intensivo, podem ser utilizados anéis ou cartuchos de plástico que não requerem o corte manual do favo e aceleram o acondicionamento. O mel de favo colhido da forma tradicional é também designado por mel de favo cortado.

O mel em pedaços é acondicionado em recipientes de boca larga, constituídos por um ou vários pedaços de mel em favos imersos em mel líquido extraído.

As decocções de mel são feitas a partir de mel ou de subprodutos do mel dissolvidos em água e depois reduzidos (geralmente por ebulição). Podem então ser adicionados outros ingredientes (por exemplo, o abbamele adicionou citrinos). (O produto resultante pode ser semelhante ao melaço.

2.4 Classificação

Nos EUA, a classificação do mel é efectuada voluntariamente (o USDA oferece inspeção e classificação "como inspeção em linha (na fábrica) ou em lote, mediante pedido, numa base de taxa por serviço") com base nas normas do USDA. O mel é classificado com base numa série de factores, incluindo o teor de água, o sabor e o aroma, a ausência de defeitos e a clareza. O mel também é classificado pela cor, embora esta não seja um fator na escala de classificação. (Flottum, 2010).

Outros países podem ter normas diferentes para a classificação do mel. A Índia, por exemplo, certifica a qualidade do mel com base em factores adicionais, como o teste de Fiehe e outras medidas empíricas (Subramanian *et al.,* 2007).

2.5 Importância económica

Embora o mel seja frequentemente o primeiro produto que vem à mente, as abelhas também produzem ou estão indiretamente envolvidas na produção de outros produtos. Estes incluem produtos à base de mel (como os doces), cera de abelha, pólen (como suplemento), velas, própolis (ou cola de abelha, utilizada em cosméticos), bem como abelhas adicionais para venda a outras partes. Enquanto a polinização das culturas é, de longe, o mais importante e rentável dos serviços prestados pelas abelhas, o mel é o mais conhecido e o mais rentável dos produtos directos resultantes do esforço das abelhas melíferas. Todos os anos, nos Estados Unidos, são produzidos muitos milhões de libras de mel, que geram milhares de milhões de dólares de receitas. O mel natural é doce, de cheiro agradável e delicioso para muitos. Também pode ser aromatizado artificialmente e naturalmente com nozes e especiarias.

2.5.1 Influência económica

Estima-se que, na América do Norte, cerca de 30% dos alimentos consumidos pelos seres humanos sejam produzidos a partir de plantas polinizadas por abelhas. O valor da polinização pelas abelhas está estimado em cerca de 16 mil milhões de dólares só nos EUA. Sem estes polinizadores, não poderíamos desfrutar da maior parte dos nossos frutos, legumes e nozes favoritos. As abelhas também polinizam culturas como o trevo e a alfafa de que o gado se alimenta, o que faz com que as abelhas sejam importantes para a nossa produção e consumo de carne e lacticínios. A produção de mel de cerca de 135 mil apicultores americanos que cuidam de aproximadamente 2,44 milhões de colónias totalizou quase 148,5 milhões de libras em 2007. Esta produção valeu mais de 150 milhões de dólares, com um custo por libra de todo o mel de 103 cêntimos (National Agricultural Statistics Service).

Tabela: Culturas polinizadas com os respectivos valores e percentagem de polinização pelas abelhas.

Cultura	Valor em milhares de milhões (2006)	% Polinizadas por abelhas
Amêndoas	2.2	100
Maçãs	2.1	90
Algodão	5.2	16
Mirtilos	0.5	90
Uvas	3.2	1
Laranjas	1.8	27
Amendoins	0.6	2
Pêssegos	0.5	48
Soja	19.7	5
Morangos	1.5	2

Fonte: USDA; RA Morse & NW Calderone (Universidade de Cornell)

2.6 Principais condicionalismos

2.6.1 Riscos para a saúde

Embora o mel seja geralmente seguro quando ingerido em quantidades típicas de alimentos, existem vários efeitos adversos potenciais ou interacções que pode ter em combinação com o consumo excessivo, doenças existentes ou medicamentos, incluindo reacções ligeiras a uma ingestão elevada, como ansiedade, insónia ou hiperatividade em cerca de 10% das crianças, de acordo com um estudo. Não foram detectados sintomas de ansiedade, insónia ou hiperatividade com o consumo de mel em comparação com o placebo, de acordo com outro estudo. O consumo de mel pode interagir negativamente com alergias existentes, níveis elevados de açúcar no sangue (como na diabetes) ou anticoagulantes utilizados para controlar hemorragias, entre outras condições clínicas.

2.6.2 Mel tóxico

A intoxicação por mel louco é o resultado da ingestão de mel que contém grayanotoxinas. O mel produzido a partir de flores de rododendros, louros da montanha, louros de ovelha e azáleas pode causar intoxicação por mel. Os sintomas incluem tonturas, fraqueza, transpiração excessiva, náuseas e vómitos. Menos frequentemente, podem ocorrer tensão arterial baixa, choque, irregularidades do ritmo cardíaco e convulsões, sendo raros os casos em que resultam em morte. A intoxicação por mel é mais provável quando se utiliza mel "natural" não processado e mel de agricultores que podem ter um pequeno número de colmeias.

O mel tóxico pode também ser produzido quando as abelhas se aproximam de arbustos de tutu *(Coriaria arborea)* e do inseto trepadeira *(Scolypopa australis)*. Ambos são encontrados em toda a Nova Zelândia. As abelhas recolhem a melada produzida pelos insectos da trepadeira que se alimentam da planta tutu. Isto introduz o veneno tutina no mel. Apenas algumas zonas da Nova Zelândia (Península de Coromandel, Baía de Plenty Oriental e Marlborough Sounds) produzem frequentemente mel tóxico. Os sintomas de envenenamento por tutina incluem vómitos, delírio, tontura, aumento da excitabilidade, estupor, coma e convulsões violentas. Para reduzir o risco de envenenamento por tutina, os seres humanos não devem consumir mel retirado de colmeias selvagens nas zonas de risco da Nova Zelândia. Desde dezembro de 2001, os apicultores neozelandeses são obrigados a reduzir o risco de produção de mel tóxico, monitorizando de perto o tutu, a trepadeira e as condições de forrageamento num raio de 3 quilómetros do seu apiário. A intoxicação raramente é perigosa (Jansen *et al.,* 2012).

2.7 Recolha de mel

O mel é recolhido de colónias de abelhas selvagens ou de colmeias domésticas. Os ninhos de abelhas selvagens são por vezes localizados seguindo um pássaro guia de mel. As abelhas podem ser pacificadas com o fumo de um defumador de abelhas. O fumo desencadeia um instinto de alimentação (uma tentativa de salvar os recursos da colmeia de um eventual incêndio), tornando-as menos agressivas, e o fumo obscurece as feromonas que as abelhas utilizam para comunicar.

O favo de mel é retirado da colmeia e o mel pode ser extraído, quer por esmagamento quer por utilização de um extrator de mel. Em seguida, o mel é filtrado para remover a cera de abelha e outros detritos.

Antes da invenção dos quadros amovíveis, as colónias de abelhas eram muitas vezes sacrificadas para realizar a colheita. O apicultor retirava todo o mel disponível e substituía toda a colónia na primavera seguinte. Desde a invenção dos quadros amovíveis, os princípios da criação de abelhas levam a maioria dos apicultores a garantir que as suas abelhas terão reservas suficientes para sobreviver ao inverno, quer deixando algum mel na colmeia, quer fornecendo à colónia um substituto do mel, como a água açucarada ou o açúcar cristalino (muitas vezes sob a forma de "tábua de bombons"). A quantidade de alimento necessária para sobreviver ao inverno depende da variedade de abelhas e da duração e gravidade dos Invernos locais. Uma grande variedade de espécies, com exceção do homem, é atraída pelas fontes de mel selvagens ou domésticas (Alice, *1979)*

2.8 Formação de mel

O mel é produzido pelas abelhas a partir da recolha de néctar, que serve o duplo objetivo de apoiar o metabolismo da atividade muscular durante a procura de alimentos e de armazenar alimentos a longo prazo sob a forma de mel. Durante a procura de alimento, as abelhas acedem a uma parte do néctar recolhido para apoiar a atividade metabólica dos músculos do voo, destinando-se a maior parte do néctar recolhido a ser regurgitado, digerido e armazenado como mel. No tempo frio ou quando outras fontes de alimento são escassas, as abelhas adultas e as larvas utilizam o mel armazenado como alimento.

A criação de enxames de abelhas em colmeias artificiais permitiu a semidomesticação dos insectos e a colheita de mel em excesso. Na colmeia ou num ninho selvagem, os três tipos de abelhas são:

* uma única abelha rainha

* um número sazonalmente variável de abelhas zangão macho para fertilizar novas rainhas

* 20.000 a 40.000 abelhas operárias

Ao saírem da colmeia, as abelhas forrageiras recolhem o néctar das flores ricas em açúcar e regressam à colmeia, onde utilizam os seus "estômagos de mel" para ingerir e regurgitar o néctar repetidamente até este estar parcialmente digerido. As abelhas trabalham em grupo para regurgitar e digerir o néctar durante 20 minutos até que o produto atinja a qualidade de armazenamento. Em seguida, o mel é colocado em células alveolares não seladas, enquanto ainda tem um elevado teor de água (cerca de 20%) e de leveduras naturais que, se não forem controladas, provocam a fermentação dos açúcares do mel recém-formado. O processo continua enquanto as abelhas da colmeia batem as asas constantemente para fazer circular o ar e evaporar a água do mel até um teor de cerca de 18%, aumentando a concentração de açúcar e impedindo a fermentação. As abelhas tapam então as células com cera para as selar. Quando retirado da colmeia por um apicultor, o mel tem um longo prazo de validade e não fermenta se for devidamente selado (Honey and Bees, 2010)

2.9 Utilizações do mel

2.9.1 Utilizações médicas

Feridas e queimaduras

O mel contém vestígios de compostos que, segundo estudos preliminares, têm propriedades cicatrizantes, como o peróxido de hidrogénio e o metilglioxal. Existem algumas provas de que o mel pode ajudar na cicatrização de feridas cutâneas após cirurgia e queimaduras ligeiras (de espessura parcial) quando utilizado como penso, mas, em geral, as provas da utilização do mel no tratamento de feridas são de tão baixa qualidade que não é possível tirar conclusões definitivas. A evidência não suporta o uso de produtos à base de mel no tratamento de úlceras de estase venosa ou unha encravada (O'Meara *et al.*, 2014*)*

Tosse

Para a tosse crónica e a tosse aguda, uma revisão da Cochrane não encontrou provas fortes a favor ou contra a utilização do mel. Para o tratamento de crianças, o estudo concluiu que o mel pode ajudar mais do que nenhum tratamento. A Agência Reguladora de Medicamentos e Produtos de Saúde do Reino Unido recomenda que se evite dar medicamentos de venda livre para a tosse e a constipação comum a crianças com menos de 6 anos e sugere que "um remédio caseiro que contenha mel e limão é provavelmente igualmente útil e mais seguro de tomar", mas adverte que o mel não deve ser dado a bebés devido ao risco de botulismo infantil. A Organização Mundial de Saúde recomenda o mel como tratamento para a tosse e a dor de garganta, incluindo para as crianças, afirmando que não há razões para crer que seja menos eficaz do que um remédio comercial. O mel é recomendado por um médico canadiano para crianças com mais de 1 ano de idade para o tratamento da tosse, uma vez que é considerado tão eficaz como o dextrometorfano e mais eficaz do que a difenidramina.

Outros

As pessoas que têm um sistema imunitário enfraquecido não devem consumir mel devido ao risco de infeção bacteriana ou fúngica. Não existem provas que demonstrem os benefícios da utilização do mel no tratamento do cancro, embora o mel possa ser útil para controlar os efeitos secundários da radioterapia ou da quimioterapia aplicadas no tratamento do cancro. O consumo é por vezes defendido como um tratamento para as alergias sazonais devidas ao pólen, mas não existem provas científicas conclusivas que sustentem esta afirmação. O mel é geralmente considerado ineficaz para o tratamento da conjuntivite alérgica.

Desde a antiguidade, o mel é utilizado pelas suas propriedades medicinais para tratar uma grande variedade de doenças. Pode ser utilizado isoladamente ou em conjunto com outras substâncias e administrado por via oral ou tópica para a erradicação de certas doenças. No entanto, a utilização incorrecta de antibióticos, o aparecimento de bactérias resistentes, o custo elevado e a indisponibilidade de alguns medicamentos convencionais e o interesse crescente pelo mel terapêutico proporcionaram uma oportunidade para o mel ser utilizado como agente antibacteriano de largo espetro.

Um vasto espetro de feridas está a ser tratado em todo o mundo com méis naturais não processados de diferentes fontes (Al-Waili, 2003, 2004). Além disso, estão disponíveis na Austrália e na Nova Zelândia pensos impregnados com mel em condições controladas e esterilizados por irradiação gama. O mel é igualmente encontrado como ingrediente ativo em produtos como pomadas para o tratamento de pequenas queimaduras e cortes na Nigéria (Williams *et al*, 2009).

O mel estimula a formação de novos capilares sanguíneos (angiogénese), o crescimento de fibroblastos substitui o tecido conjuntivo da camada mais profunda da pele e produz as fibras de colagénio que dão força à reparação. Além disso, estimula o recrescimento das células epiteliais que formam a nova cobertura cutânea sobre uma ferida cicatrizada (Rozaini *et al.*, 2004). Assim, previne a formação de cicatrizes e quelóides e elimina a necessidade de enxertos de pele, mesmo em feridas bastante grandes (Subrahmanyam *et al.*, 2003).

A atividade anti-inflamatória do mel foi documentada em estudos clínicos de feridas de queimaduras humanas e em estudos in vitro (Subrahmanyam *et al.*, 2003). As potenciais consequências da gestão eficaz da inflamação incluem a redução rápida da dor, do edema e dos exsudados; além disso, a cicatrização hipertrófica é minimizada ao evitar a inflamação prolongada que pode resultar em fibrose (Dunford *et al.,* 2000). Subsequentemente, a redução da inflamação diminui a produção de exsudados e a mudança frequente de pensos, o que pode conservar recursos em termos de pensos utilizados, tempo da equipa e perturbação desnecessária do doente e do leito da ferida (Williams *et al.,* 2009).

A gastroenterite aguda é uma inflamação aguda do trato gastrointestinal que pode ser causada por uma variedade de micróbios (vírus, bactérias e parasitas). O mel puro demonstrou atividade bactericida contra muitos organismos enteropatogénicos, incluindo os das espécies *Salmonella* e *Shigella*, e Escherichia coli enteropatogénica. *Escherichia coli* (Molan, 2001; Adebolu, 2005). *Alnaqdyet al.* (2005), num estudo in vitro, demonstraram que o mel impedia a fixação da bactéria *Salmonella* às células epiteliais da mucosa; a fixação é, no entanto, considerada o evento inicial no desenvolvimento de infecções bacterianas do trato gastrointestinal.

Aparentemente, Badaway *et al.* (2004) relataram uma notável atividade antibacteriana do mel de abelha e a sua utilidade terapêutica contra infecções por *E. coli* 0157: H7 e *Salmonella typhimurium.* Mais recentemente, Abdulrhman *et al.* (2010), no seu estudo, adicionaram mel à solução de reidratação oral (SRO) recomendada pela Organização Mundial de Saúde/UNICEF (2002) para tratar a gastroenterite em bebés e crianças. Relataram que a frequência de diarreia bacteriana e não bacteriana foi reduzida. Muito provavelmente, adicionar mel à SRO é tecnicamente mais fácil, menos dispendioso e, claro, torna a solução um pouco mais doce e possivelmente mais aceitável. Devido ao elevado teor de açúcar no mel, este pode ser utilizado para promover a absorção de sódio e água do intestino. Também ajuda a reparar a mucosa intestinal danificada, estimula o crescimento de novos tecidos e actua como um agente anti-inflamatório (Bansal *et al.,* 2005).

2.9.2 Utilizações modernas do mel

Alimentação

Ao longo da sua história como alimento, as principais utilizações do mel são na culinária, na pastelaria, em sobremesas, como o *melimato* (um queijo fresco da Catalunha, normalmente servido com mel), como pasta para barrar no pão, e como adição a várias bebidas, como o chá, e como adoçante em algumas bebidas comerciais. O mel de churrasco e o mel de mostarda são outros sabores comuns utilizados em molhos.

Fermentação

O mel é o principal ingrediente da bebida alcoólica hidromel, que também é conhecida como "vinho de mel" ou "cerveja de mel". Historicamente, o fermento para o hidromel era a levedura natural do mel. O mel é também utilizado como adjuvante em algumas cervejas.

O vinho de mel, ou hidromel, é tipicamente (na era moderna) feito com uma mistura de mel e água com levedura adicionada para fermentação. A fermentação primária demora normalmente 28-56 dias, após os quais o mosto tem de ser transferido para um recipiente de fermentação secundária e deixado a repousar durante mais 35-40 dias. Se for feita corretamente, a fermentação estará terminada nesta altura (embora se se pretender um hidromel espumante, a fermentação pode ser reiniciada após o engarrafamento através da adição de uma pequena quantidade de açúcar), mas a maioria dos hidroméis requer um envelhecimento de 6-9 meses ou mais para ser saboroso.

2.10 Propriedades físicas e químicas

Mel cristalizado. A imagem ao lado mostra os grãos individuais de glicose na mistura de frutose. As propriedades físicas do mel variam em função do teor de água, do tipo de flora utilizada para o produzir (pastagem), da temperatura e da proporção dos açúcares específicos que contém. O mel fresco é um líquido supersaturado, contendo mais açúcar do que a água pode dissolver à temperatura ambiente. À temperatura ambiente, o mel é um líquido super-resfriado, no qual a glicose se precipita em grânulos sólidos. Isto forma uma solução semi-sólida de cristais de glucose precipitados numa solução de frutose e outros ingredientes.

Viscosidade

A viscosidade do mel é muito influenciada pela temperatura e pelo teor de água. Quanto maior for a percentagem de água, mais facilmente o mel flui. Acima do seu ponto de fusão, no entanto, a água tem pouco efeito sobre a viscosidade. Para além do teor de água, a composição do mel também tem pouco efeito na viscosidade, com exceção de alguns tipos. A 25 °C (77 °F), o mel com 14% de água tem geralmente uma viscosidade de cerca de 400 poise, enquanto que um mel com 20% de água tem uma viscosidade de cerca de 20 poise. O aumento da viscosidade em função da temperatura é inicialmente muito lento. Um mel com 16% de água, a 70 °C (158 °F), terá uma viscosidade de cerca de 2 poise, enquanto que a 30 °C (86 °F), a viscosidade é de cerca de 70 poise. À medida que o arrefecimento avança, o mel torna-se mais viscoso a um ritmo cada vez mais rápido, atingindo 600 poise a cerca de 14 °C (57 °F). No entanto, apesar de ser muito viscoso, o mel tem uma tensão superficial bastante baixa. (Bogdanov, 2009).

Propriedades eléctricas e ópticas

Como o mel contém electrólitos, sob a forma de ácidos e minerais, apresenta diferentes graus de condutividade eléctrica. A medição da condutividade eléctrica é utilizada para determinar a qualidade do mel em termos de teor de cinzas.

O efeito do mel sobre a luz é útil para determinar o tipo e a qualidade. As variações do teor de água alteram o índice de refração do mel. O teor de água pode ser facilmente medido com um refratómetro. Normalmente, o índice de refração do mel varia entre 1,504 a 13% de teor de água e 1,474 a 25%. O mel também tem um efeito sobre a luz polarizada, na medida em que faz rodar o plano de polarização. A frutose dará uma rotação negativa, enquanto a glucose dará uma rotação positiva. A rotação global pode ser utilizada para medir o rácio da mistura. A cor do mel pode variar entre o amarelo pálido e o castanho escuro, mas ocasionalmente podem ser encontradas outras cores vivas, dependendo da fonte do açúcar colhido pelas abelhas.

Higroscopia e fermentação

O mel tem a capacidade de absorver a humidade diretamente do ar, um fenómeno chamado higroscopia. A quantidade de água que o mel absorve depende da humidade relativa do ar. Como o mel contém levedura, esta natureza higroscópica exige que o mel seja armazenado em recipientes selados para evitar a fermentação, que geralmente começa se o teor de água do mel subir muito acima de 25%. O mel tende a absorver mais água desta forma do que os açúcares individuais permitiriam por si só, o que pode dever-se a outros ingredientes que contém.

A fermentação do mel ocorre geralmente após a cristalização porque, sem a glucose, a parte líquida do mel consiste principalmente numa mistura concentrada de frutose, ácidos e água, proporcionando à levedura um aumento suficiente da percentagem de água para o seu crescimento. O mel que se destina a ser armazenado à temperatura ambiente durante longos períodos de tempo é frequentemente pasteurizado, para matar qualquer levedura, aquecendo-o acima dos 70 °C (158 °F).

Características térmicas

Tal como todos os compostos de açúcar, o mel carameliza se for suficientemente aquecido, ficando com uma cor mais escura e acabando por queimar. No entanto, o mel contém frutose, que carameliza a temperaturas mais baixas do que a glucose. A temperatura na qual a caramelização começa varia, dependendo da composição, mas é tipicamente entre 70 e 110 °C (158 e 230 °F). O mel também contém ácidos, que actuam como catalisadores, diminuindo ainda mais a temperatura de caramelização. De entre estes ácidos, os aminoácidos, que se encontram em quantidades muito reduzidas, desempenham um papel importante no escurecimento do mel. Os aminoácidos formam compostos escurecidos chamados melanoidinas, durante uma reação de Maillard. A reação de Maillard ocorre lentamente à temperatura ambiente, demorando entre alguns a vários meses a apresentar um escurecimento visível, mas acelera drasticamente com o aumento da temperatura. No entanto, a reação também pode ser retardada se o mel for armazenado a temperaturas mais frias *(Root, 2005)*

Ao contrário de muitos outros líquidos, o mel tem uma condutividade térmica muito fraca, levando muito tempo para atingir o equilíbrio térmico. A fusão do mel cristalizado pode facilmente resultar em caramelização localizada se a fonte de calor estiver demasiado quente ou se não estiver distribuída uniformemente. No entanto, o mel demorará muito mais tempo a liquefazer-se quando estiver um pouco acima do ponto de fusão do que a temperaturas elevadas. Derreter 20 quilogramas de mel cristalizado, a 40 °C (104 °F), pode levar até 24 horas, enquanto 50 quilogramas podem levar o dobro do tempo. Estes tempos podem ser reduzidos quase para metade através do aquecimento a 50 °C (122 °F). No entanto, muitas das substâncias menores no mel podem ser muito afectadas pelo aquecimento, alterando o sabor, o aroma ou outras propriedades, pelo que o aquecimento é normalmente feito à temperatura mais baixa possível durante o menor período de tempo (Krell. *1996).*

2.11 Indicadores de qualidade do mel

O mel de qualidade distingue-se pelo seu aroma, sabor e consistência. O mel maduro, acabado de colher, de alta qualidade, a 20 °C (68 °F), deve escorrer de uma faca em linha reta, sem se dividir em gotas separadas (Bogdanov, 2008*).* Depois de cair, o mel deve formar um grânulo. O mel, quando vertido, deve formar pequenas camadas temporárias que desaparecem rapidamente, o que indica uma viscosidade elevada. Caso contrário, isso indica um teor de água excessivo (superior a 20%) do produto. O mel com um teor de água excessivo não é adequado para uma conservação a longo prazo.

Nos frascos, o mel fresco deve apresentar-se como um líquido puro e consistente e não deve formar camadas. Algumas semanas a alguns meses após a extração, muitas variedades de mel cristalizam num sólido de cor creme. Algumas variedades de mel, como o tupelo, a acácia e a salva, cristalizam com menos frequência. O mel pode ser aquecido durante o engarrafamento a temperaturas de 40-49 °C (104-120 °F) para atrasar ou inibir a cristalização. O sobreaquecimento é indicado pela alteração dos níveis enzimáticos, por exemplo, a atividade da diastase, que pode ser determinada pelos métodos de Schade ou de Phadebas. Uma película fofa na superfície do mel (como uma espuma branca), ou uma cristalização de cor de mármore ou manchada de branco nos lados de um recipiente, é formada por bolhas de ar presas durante o processo de engarrafamento.

Um estudo italiano de 2008 determinou que a espetroscopia de ressonância magnética nuclear pode ser usada para distinguir entre diferentes tipos de mel e pode ser usada para identificar a área onde foi produzido. Os investigadores conseguiram identificar as diferenças entre os méis de acácia e polifloral através das diferentes proporções de frutose e sacarose, bem como dos diferentes níveis de aminoácidos aromáticos fenilalanina e tirosina. Esta capacidade permite uma maior facilidade de seleção de material compatível.

2.12 Teor de ácido e efeitos de sabor do mel

O pH médio do mel é de 3,9, mas pode variar entre 3,4 e 6,1. O mel contém muitos tipos de ácidos, tanto orgânicos como aminados. No entanto, os diferentes tipos e as suas quantidades variam consideravelmente, consoante o tipo de mel. Estes ácidos podem ser aromáticos ou alifáticos (não aromáticos). Os ácidos alifáticos contribuem grandemente para o sabor do mel, interagindo com os sabores dos outros ingredientes.

2.13 pH e ácidos no mel

Os ácidos orgânicos constituem a maior parte dos ácidos do mel, representando 0,17-1,17% da mistura, sendo o ácido glucónico, formado pela ação de uma enzima chamada glucose oxidase, o mais predominante. Os outros ácidos orgânicos são menores, consistindo em fórmico, acético, butírico, cítrico, lático, málico, piroglutâmico, propiónico, valérico, caprónico, palmítico e succínico, entre muitos outros (Wilkins *et al,*

1995).

2.14 Preservação

Devido à sua composição e propriedades químicas únicas, o mel é adequado para armazenamento a longo prazo e é facilmente assimilado mesmo após uma longa conservação. O mel e os objectos imersos em mel são conservados há séculos. A chave da conservação é limitar o acesso à humidade. No seu estado curado, o mel tem um teor de açúcar suficientemente elevado para inibir a fermentação. Se for exposto ao ar húmido, as suas propriedades hidrofílicas atraem a humidade para o mel, diluindo-a até ao ponto em que a fermentação pode começar.

Independentemente da conservação, o mel pode cristalizar com o tempo. Os cristais podem ser dissolvidos através do aquecimento do mel.

2.15 Perfil nutricional e de açúcares

Numa porção de 100 gramas, o mel fornece 304 calorias sem nutrientes essenciais em conteúdo significativo composto por 17% de água e 82% de hidratos de carbono, o mel tem baixo teor de gordura, fibra alimentar e proteína.

Mistura de açúcares e outros hidratos de carbono, o mel é constituído principalmente por frutose (cerca de 38-55%) e glicose (cerca de 31%), sendo os restantes açúcares maltose, sacarose e outros hidratos de carbono complexos. O seu índice glicémico varia entre 31 e 78, dependendo da variedade. A composição, cor, aroma e sabor específicos de qualquer lote de mel dependem das flores colhidas pelas abelhas que produziram o mel.

Este método de RMN não foi capaz de quantificar a maltose, a galactose e os outros açúcares menores em comparação com a frutose e a glucose (Ohmenhaeuser *et al.*, 2013). Durante muito tempo na história da humanidade, o mel foi uma importante fonte de hidratos de carbono e o único adoçante amplamente disponível (Ball, 2007). É considerado um adoçante adequado em produtos lácteos fermentados sem inibir o crescimento de bactérias comuns como *Streptococcus thermophilus, Lactobacillus acidophilus, Lactobacillus delbruekii* e *Bifido bacterium*, que são importantes para manter um trato gastrointestinal saudável. Aparentemente, para maximizar o impacto das culturas probióticas após a ingestão, o mel tem de ser utilizado como adjuvante alimentar. A este respeito, actua como um prebiótico, que é definido como um ingrediente alimentar não digerível que afecta beneficamente o hospedeiro, estimulando seletivamente o crescimento e/ou a atividade de um número limitado de bactérias *(bactérias bífidas* e *lactobacilos)* nos intestinos (Sanz *et al.,* 2005)

Devido ao seu valor nutricional (303 kcal/100g de mel) e à rápida absorção dos seus hidratos de carbono, o mel é um alimento adequado para seres humanos de todas as idades (Blasa *et al.,* 2006). Simplesmente, quando consumidos oralmente, os seus hidratos de carbono são facilmente digeridos e rapidamente transportados para o sangue, podendo ser utilizados para satisfazer as necessidades energéticas do corpo humano. É por esta razão que o mel é particularmente recomendado para crianças e desportistas, porque pode ajudar a melhorar a eficiência do sistema dos idosos e dos inválidos (Alvarez-Saurez *et al.,* 2009).

Além disso, o mel parece apresentar outra opção para aumentar a segurança e o prazo de validade dos alimentos. Tem sido relatado que é eficaz contra o escurecimento enzimático de frutas e vegetais, a degeneração oxidativa de alguns alimentos e no controlo do crescimento ou eliminação de agentes patogénicos de origem alimentar (Taormina *et al.,* 2001)

CAPÍTULO 3

3.0 MATERIAIS E MÉTODO

3.1 Descrição da área de estudo

O estudo foi efectuado na administração local de Bokkos, no Estado de Plateau, na Nigéria. A área do governo local de Bokkos é uma das 17 áreas do governo local do Estado de Plateau. Tem uma área de 3.053 quilómetros quadrados e uma população de cerca de 13.000 habitantes (censo de 1999). Situa-se a cerca de 77 km de Jos e tem um clima com duas estações principais (estação das chuvas e estação seca). É extremamente frio entre novembro e fevereiro, devido ao hamattan, com temperaturas tão baixas como 11^0 c no pico da estação e uma precipitação média anual de 58 mm (Unidade de informação, área governamental local de Bokkos, 2005). A A.G.L. é inibida pelos seguintes grupos étnicos principais (8): Bokkos, Daffo, Sha, Manguna e Kulere que se encontram nos distritos de Richa, Toff e Kamwai e mushere que inibem o distrito de Mushere.

Cerca de 95% da população da zona dedica-se à agricultura, com os seguintes produtos agrícolas: aca *(Digitaria exilis),* feijão-frade *(Vigna ungulata),* óleo de palma *(Elaei sguinensis), apicultura*, cana-de-açúcar *(Sacharum officinarum),* banana *(Musa sapientum),* batata-inglesa *(Salanum tuberosum)* e muitos produtos hortícolas (por exemplo, espinafres, quiabos, tomates, couves, pimentos, etc.)

Devido às potencialidades agrícolas encontradas na área do governo local, é necessária a criação de uma indústria caseira para processar milho, batatas irlandesas, óleo de palma, café, açúcar, acha, etc. A área do governo local tem os seguintes mercados: mercado de Bokkos, mercado de Daffo, mercado de Maikatako e os mercados mais pequenos.

3.2 Dimensão da amostra e processo de amostragem

Foi realizado um inquérito de reconhecimento na área de estudo para identificar os inquiridos visados (apicultores), que serviu de guia para o método de amostragem adequado que foi utilizado para selecionar as aldeias dos inquiridos. A amostragem aleatória estratificada foi utilizada para selecionar as aldeias porque se descobriu que nem todas as aldeias da área de estudo têm apicultores. Foi selecionado um total de sete (7) alas e seis (6) aldeias em Bokkos L.G.A. onde a apicultura é altamente praticada. Estes bairros incluem: Dashit, Gonde, Hottom, Hunti, Josho, Mandung, Mundat. As aldeias incluem: Daffo, Sha, Karfa, Gonde, Manguna,

Ambui.

Os questionários foram concebidos de acordo com o objetivo do estudo. No total, foram distribuídos 70 questionários aos apicultores para obter informações. O número de questionários foi administrado com base no número de apicultores nas aldeias, utilizando o método de amostragem aleatória estratificada. Os questionários distribuídos basearam-se na população-alvo de apicultores da zona de estudo (Karfa - 26, Gonde -12, Daffo - 9, Hunti - 10, Mundat- 10 e Ambul - 3 questionários), respetivamente.

3.3 Fontes de recolha de dados

A fim de obter informações relevantes sobre a produção de mel, o tipo de colmeia utilizado, o mel de inspeção das colmeias, o rendimento e o preço, os recipientes utilizados para armazenar o mel, a tendência do rendimento do mel e os constrangimentos da produção de mel na área de estudo, foram gerados dados primários a partir de um questionário bem estruturado que foi administrado aos apicultores das aldeias seleccionadas da área governamental local de Bokkos. Para a recolha de dados, foi utilizado um programa de entrevistas/questionários. O programa de entrevistas foi utilizado para os agricultores analfabetos, enquanto o questionário foi utilizado para os agricultores alfabetizados. No total, foram distribuídos setenta (70) exemplares do questionário para a recolha de dados, mas apenas 68 questionários completos foram recolhidos para análise, tendo sido devolvidos dois exemplares vazios. Os dados para o estudo foram obtidos a partir de uma combinação de fontes primárias e secundárias, mas principalmente através das primeiras. Os dados primários foram obtidos a partir de um inquérito transversal aos inquiridos envolvidos na apicultura com a utilização de um questionário estruturado.

3.4 Método de análise de dados

Os dados primários, tais como as características socioeconómicas dos inquiridos, o potencial de produção de mel, os constrangimentos da apicultura, foram recolhidos através de um questionário bem estruturado. Os dados recolhidos foram analisados utilizando pacotes estatísticos apropriados para o software de ciências sociais (SPSS) versão 20. A classificação dos constrangimentos da apicultura foi utilizada para identificar e dar prioridade aos principais desafios ao desenvolvimento da apicultura na área de estudo. Os dados foram analisados com recurso a estatísticas descritivas simples.

Plate 1. Transitional Beehive (Kenyan top bar)

Plate 2. Traditional Beehive (clay/mound)

CAPÍTULO 4

4.0 RESULTADOS E DISCUSSÃO

4.1 Resultados

A Tabela 1 mostra que os inquiridos casados cobrem 100%, 0% são solteiros, 0% dos inquiridos são viúvos e 0% são divorciados na área de estudo. Os resultados obtidos mostram que 100% de todos os inquiridos na área de estudo são casados

Quadro 1: Estado civil dos inquiridos na área de estudo

Estado civil	Frequência	Percentagem
Individual	0	0
Casado	68	100
Divórcio	0	0
Viúva	0	0
Total	**68**	**100**

O Quadro 2 mostra o nível de escolaridade dos inquiridos, dos quais os que sabem ler e escrever têm a percentagem mais elevada de 35,29%, seguidos dos que sabem ler e dos que concluíram o ensino secundário, ambos com 22,06% cada um e, por fim, os que têm o ensino primário, com 20,59%, que é o mais baixo entre os inquiridos visados na área de estudo.

Quadro 2: Nível de escolaridade dos inquiridos

Nível de escolaridade	Frequência	Percentagem
Não é possível ler e escrever	24	35.29
Pode ler	15	22.06
Primário	14	20.59
Secundário	15	22.06
Total	**68**	**100**

A Figura 1 mostra que Gonde abrange 52,49% das pessoas que praticam apicultura, seguida de Hunti e Mundat, que abrangem 14,71% cada, Hottom abrange 11,76%, Mandung abrange 2,94% e, finalmente, Dashit e Josho abrangem 1,47% cada uma das pessoas que praticam apicultura na área de estudo. Os resultados mostram que o bairro de Gonde é o que tem o maior número de pessoas que se dedicam à apicultura.

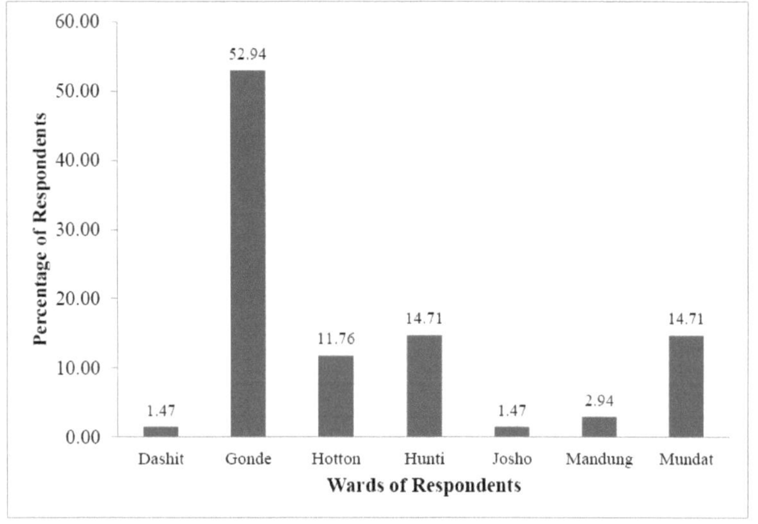

Figura 1: Características socioeconómicas dos apicultores na área de estudo.

A figura 2 mostra as aldeias dos apicultores nas zonas de estudo. Mostra que Karfa cobre 38,24% das pessoas que praticam apicultura, seguida de Daffo, que cobre 16,18%, Manguna, Sha e Gonde, que cobrem 14,71% cada uma, e finalmente Ambul, que cobre 1,47% das pessoas que praticam apicultura na área de estudo. Os resultados mostram que a aldeia de Karfa tem o maior número de pessoas que se dedicam à apicultura.

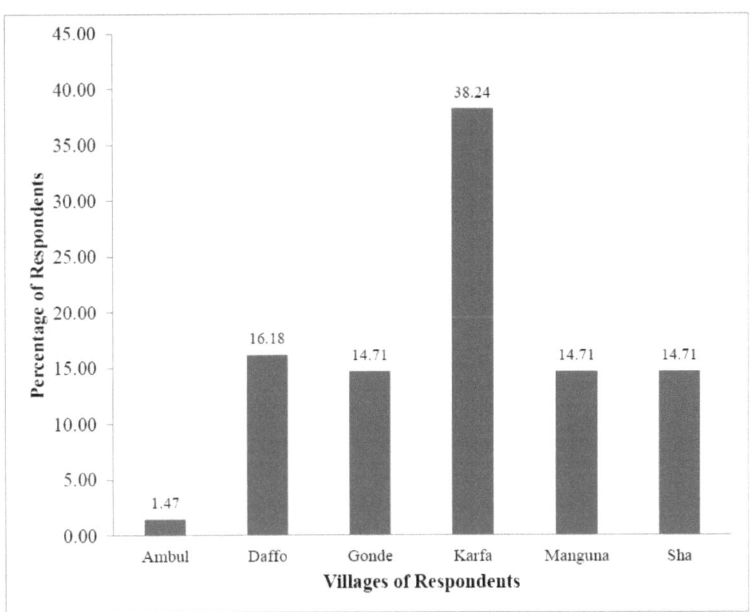

Figura 2: Aldeias de apicultores (características socioeconómicas)

A Figura 3 mostra que o sexo dos inquiridos tem uma proporção de 9:1 para homens e mulheres, respetivamente. Dos 68 inquiridos de diferentes aldeias da área de estudo, 60 eram do sexo masculino, o que representa 92,65% do total de inquiridos, enquanto 7,35% eram do sexo feminino.

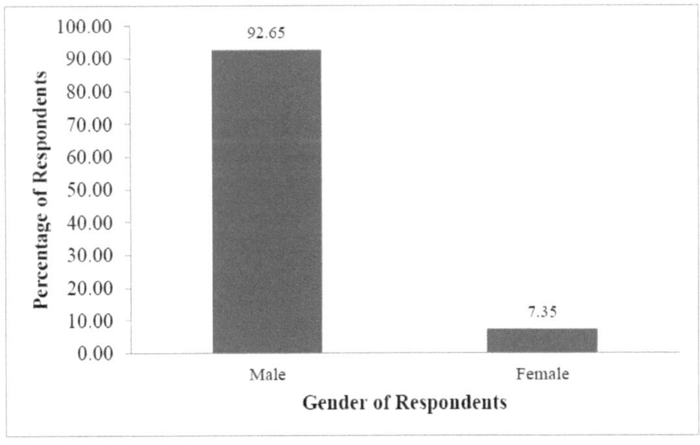

Figura 3: Género dos apicultores (características socioeconómicas)

A Figura 4 indica que as categorias de idade dos inquiridos, 40-49 anos, têm a percentagem mais elevada de

29,41%, seguindo-se os 30-39 anos com 26,47%, os 60 anos e mais têm 14,71%, enquanto os 20-29 anos têm

a percentagem mais baixa, que é de 1,47%. Isto implica que as pessoas com idades compreendidas entre os 40

e os 49 anos têm a maior população a praticar apicultura na área de estudo. Os apicultores que se dedicam à

produção de mel têm uma idade média de 40 a 49 anos. O resultado do inquérito mostrou que os agricultores

em idade mais produtiva estão ativamente envolvidos em actividades apícolas com uma experiência média de

anos.

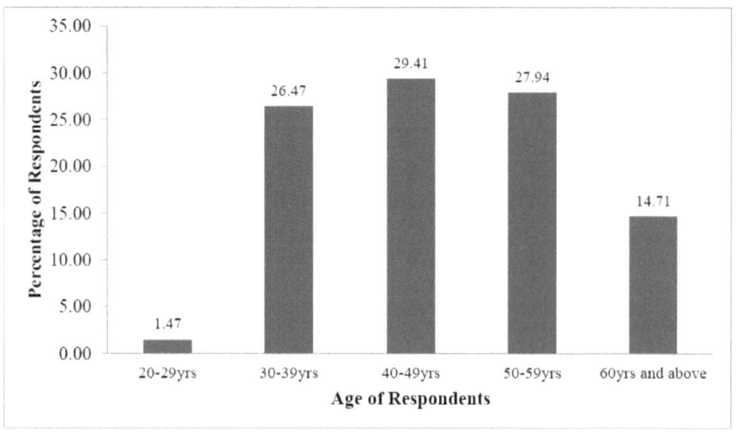

Figura 4: Idade dos apicultores (características socioeconómicas)

A figura 5 indica a distribuição do estatuto de ocupação dos inquiridos, o resultado é que a maioria dos

inquiridos são agricultores que cobrem 89.71%, seguidos por funcionários públicos e artesãos que cobrem

4.41% cada enquanto os comerciantes têm a percentagem mais baixa que é 1.47% respetivamente. O resultado

implica que os agricultores da área de estudo têm o estatuto profissional mais elevado no que respeita à

apicultura.

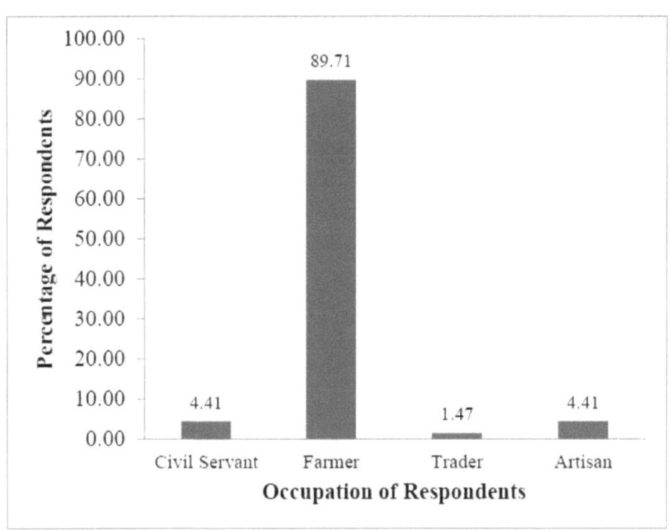

Figura 5: Ocupação dos apicultores (características socioeconómicas)

A Tabela 3 mostra as práticas actuais e a colocação de colónias de abelhas na área de estudo. A maior parte dos inquiridos na área de estudo herdou a apicultura dos pais, o que corresponde a 98,53% e foi o 1st na classificação, seguido por debaixo de grutas e pendurado na floresta, o que corresponde a 94,12% e foi o 2nd na classificação, quintal e captura de enxames, o que corresponde a 4,41% cada e foi o 3rd na classificação, colocação de colmeias, o que corresponde a 2.94% com quintal e debaixo de grutas que também cobrem 2,94% com ambos foram 4th na classificação e, finalmente, os inquiridos que praticam e colocam colmeias de pais e captura de enxames, colocação de colmeias, quintal e debaixo de grutas cobrem 1,47% e foram 5th na classificação, respetivamente. O resultado obtido mostra que a prática atual e a colocação da apicultura na área de estudo são, no máximo, herdadas dos pais, que são os primeiros na classificação.

Quadro 3: Práticas actuais e colocação de colónias de abelhas

Práticas e colocação de colónias de abelhas	Frequência	Percentagem	Classificação
Dos pais	67	98.53	1st
Debaixo de grutas e pendurado na floresta	64	94.12	2nd
Quintal	3	4.41	3rd
Apanhar enxames	3	4.41	3rd
Colocação das colmeias	2	2.94	4th

Quintal e grutas subterrâneas	2	2.94	4th
De enxames parentais e de captura	1	1.47	5th
Colocação das colmeias	1	1.47	5th
Quintal e grutas subterrâneas	1	1.47	5th
Total	**144**	**211.76**	

O quadro 4 mostra o rendimento de mel/colmeia/ano e a sua percentagem na colmeia tradicional da área de estudo, 2,00, 3,00, 5,00, 8,00 litros de rendimento/ano/colmeia cobrem 14% cada e enquanto 10,00 litros de rendimento/ano/colmeia.

Tabela 4: Rendimento de mel/colmeia/ano da colmeia tradicional (litros)

Yield/hive/yr	Percent
2.00	14
3.00	14
5.00	14
8.00	14
10.00	29

O quadro 5 mostra o rendimento de mel/colmeia/ano e a sua percentagem na colmeia de transição da zona de estudo: 2,00, 10,00, 200,00 litros de rendimento/ano/colmeia cobrem 15% cada, respetivamente.

Quadro 5: Produção de mel/colmeia/ano da colmeia de transição (litros)

Yield/hive/yr	Percent
2.00	15
10.00	15
200.00	15

Como indicado na Figura 6, 92,65% dos inquiridos praticam o uso tradicional da colmeia na área de estudo, seguido do uso transitório da colmeia, que abrange 7,35%, enquanto os apicultores não praticam a combinação de ambos os métodos (transitório e tradicional - 0,00%). Dos resultados obtidos no local de estudo, a maioria dos apicultores (92,65%) pratica ou utiliza os tipos tradicionais de colmeia e poucos utilizam colmeias de transição.

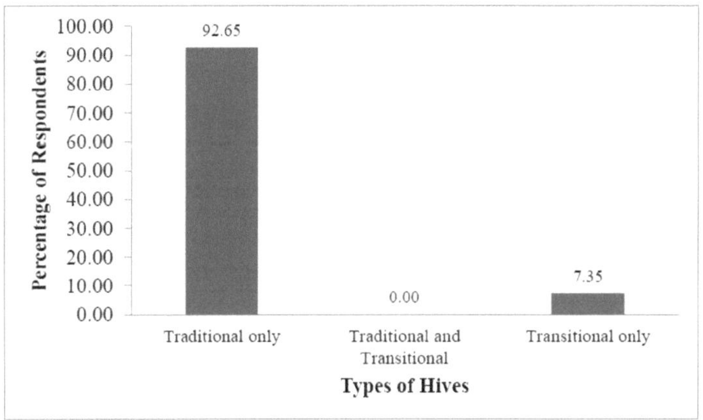

Figura 6: Tipos de colmeias utilizadas pelos apicultores

Como indicado na Figura 7, 97,06% dos inquiridos no local de estudo inspeccionam a colmeia às vezes e 2,94% inspeccionam a sua colmeia frequentemente, enquanto 0,00% inspeccionam raramente. O resultado obtido implica que a maioria dos apicultores na área de estudo inspecciona as suas colmeias às vezes.

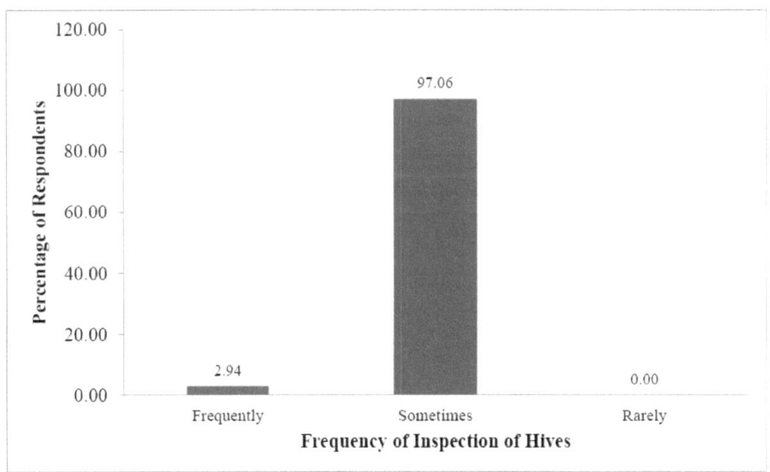

Figura 7: Frequência da inspeção das colmeias de abelhas

Como indicado na Figura 8, os inquiridos que usam recipientes de plástico para armazenar o mel cobrem

95,59%, os apicultores que usam vasos de barro cobrem 2,94% e os que usam cabaças cobrem 1,47%,

enquanto os que usam recipientes de metal cobrem 0,00%. Isto implica que a maioria dos apicultores no

local de estudo armazena o seu mel em recipientes de plástico.

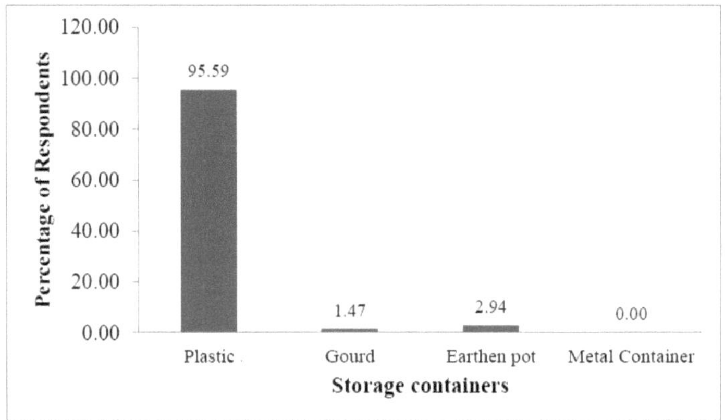

Figura 8: Tipos de contentores de armazenagem

Como indicado na Figura 9, os inquiridos que experimentam um aumento na tendência da produção de mel

cobrem 100% e os que experimentam uma diminuição e estabilidade na tendência da produção de mel cobrem

0,00%, respetivamente. Este resultado mostra que todas as pessoas que praticam a apicultura na área de estudo

registam um aumento da produção de mel.

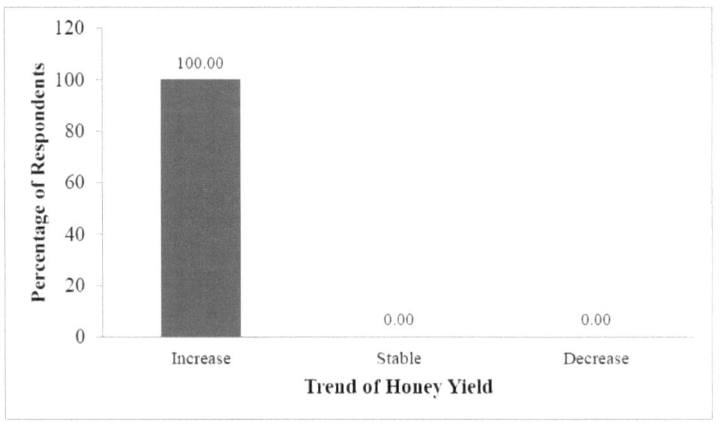

Figura 9: Evolução da produção de mel

A Tabela 6 mostra que os inquiridos que sofrem a ameaça de pragas e predadores cobrem 75%, os que sofrem a ameaça de pesticidas e predadores cobrem 23,53%, os que sofrem a ameaça de migração cobrem 1,47% e enquanto outras ameaças como a morte da colónia, instalações de armazenamento, enxameação, escassez de forragem para as abelhas, escassez de água, fuga cobrem 0,00% respetivamente. Os resultados obtidos até à data mostram que, no local de estudo, os inquiridos sofrem de pragas e predadores de forma mais significativa, seguidos dos pesticidas e predadores e, por último, da migração das abelhas.

Quadro 6: Principais constrangimentos da apicultura

Restrições	Frequência	Percentagem
Escassez de forragem para as abelhas	0	0.00
Escassez de água	0	0.00
Fuga	0	0.00
Pragas e predadores	51	75.00
Pesticidas e predadores	16	23.53
Morte da colónia	0	0.00
Migração	1	1.47
Enxameamento	0	0.00
Instalações de armazenamento	0	0.00
Total	**68**	**100**

OUTROS CONDICIONALISMOS

(i) Danificação das colmeias

(ii) Roubo de mel (ladrões)

4.2 Discussão

4.2.1 Características socioeconómicas dos apicultores

As características gerais associadas à apicultura dos agregados familiares inquiridos estão distribuídas por sexo, idade, estado civil, profissão e educação, conforme apresentado nos resultados (Tabela 1 e 2; gráfico 1 - 5). A maioria dos inquiridos é do sexo masculino (92,65%); as mulheres representam cerca de 7,35%. O sexo dos inquiridos tem uma proporção de 9:1 para homens e mulheres, respetivamente. Isto está de acordo com

Addis e Malede (2014) que relataram que 97,5% dos apicultores entrevistados eram homens e apenas 2,5% eram mulheres. O número muito limitado de participação feminina está de acordo com Tessega (2009) que afirma que apenas 1,7% eram mulheres. Do mesmo modo, Hartmann (2004) refere que, tradicionalmente, a apicultura é uma atividade masculina. A atividade apícola em Bokkos L.G.A. é praticada principalmente com o método tradicional de produção de mel, com muito poucos inquiridos a utilizar colmeias transitórias. As colmeias de transição estão penduradas em ramos de árvores altas e grandes. As mulheres não podem subir a árvores tão grandes e, por isso, não são encorajadas a participar nas actividades apícolas.

As categorias de idade do inquirido dentro da faixa etária de 40-49 anos tiveram a maior percentagem de 29,41% (Figura 4). Isto implica que as pessoas que praticam a apicultura na área de estudo dentro da faixa etária de 40-49 anos tinham a maior população de apicultores praticando a apicultura na área de estudo. Este resultado mostrou que as pessoas na idade mais produtiva estão ativamente envolvidas em actividades apícolas. Os resultados concordam com Chala *et al.* (2013) que relataram que a idade média dos inquiridos era de 40-47 anos. Do total de apicultores entrevistados, 100% eram casados (Tabela 1) e nenhum era solteiro, viúvo ou divorciado. Isto está de acordo com Tessega (2009) que afirmou que altas percentagens dos inquiridos eram casados.

O nível educacional dos inquiridos, dos quais os que não sabem ler e escrever tiveram a maior percentagem, foi de 35,29%, seguido dos que sabem ler e dos que têm um nível de educação secundária, ambos com 22,06% (Tabela 2). Gichora (2003) observou que, para uma apicultura mais avançada, é necessário ter um bom conhecimento da biologia e do comportamento das abelhas para uma melhor gestão das colónias. Além disso, para as pessoas analfabetas, é necessária uma formação intensiva dos apicultores. O resultado mostra que as alas de Gonde e a aldeia de Karfa têm o maior número de pessoas envolvidas na apicultura (52,49% e 38,24%; Figuras 1 e 2, respetivamente), com uma elevada população de inquiridos que são agricultores (89,71%) na área de estudo (Figura 5).

4.2.2 Práticas apícolas existentes na zona de estudo

A partir do resultado, mais inquiridos obtiveram as suas colónias dos pais (98,53%) e depois debaixo de grutas e pendurados na floresta (94,12%) Tabela3. Isto não está de acordo com Addis e Malede (2014) que observaram que 49,2% dos apicultores começaram por apanhar enxames. Tesfaye e Tesfaye (2007) relataram que cerca de 70% dos inquiridos obtiveram as suas colónias de abelhas através da captura de enxames. A maioria dos apicultores possuía colmeias tradicionais (92,65%) e cerca de 7,35% dos apicultores possuíam colmeias de transição (Figura 6). Isto indica que a taxa de adoção de tecnologia melhorada é muito baixa. Isso pode ser devido ao custo envolvido na construção e compra de colmeias de transição, falta de treinamento em algumas práticas importantes de apicultura e falta de equipamentos de colheita e processamento. Do mesmo modo, Mahari (2007) referiu que as produções apícolas modernas requerem custos de instalação mais elevados, acessórios e formação especializada, embora produzam maior qualidade e quantidade de mel.

Embora a maior parte dos apicultores não saiba ler nem escrever, não mantém registos precisos da produção anual de mel. No entanto, poucos inquiridos concordaram que as colmeias tradicionais, que utilizam sobretudo, produzem mais mel do que as colmeias de transição. A produção de mel mais elevada registada foi de 10 litros de mel/colmeia/ano para as colmeias de transição, enquanto que para as colmeias tradicionais foi de 200 litros de mel/colmeia/ano; embora uma maior percentagem de inquiridos utilizasse colmeias tradicionais (92,65%), enquanto que cerca de 7,35% dos inquiridos utilizavam colmeias de transição, embora a percentagem da quantidade de mel produzida pela colmeia de transição fosse elevada, os inquiridos queixaram-se da falta de conhecimentos técnicos, razão pela qual preferem utilizar as colmeias tradicionais (Quadro 4 e 5). Isto não está de acordo com o relatório de Addis e Maleade (2014) e Chala *et al.* (2013) que afirma que a produção média de mel por ano/colónia foi de 7,20, 14,70, 23,38 litros para colmeias tradicionais, de transição e móveis. O resultado indica que, embora a área estudada tenha mostrado um aumento de 100% de mel (figura 9), está abaixo da linha de produtividade do que a indústria apícola pode realizar em África (Tessega 2009). A fraca produção de mel pode dever-se à falta de utilização de colmeias modernas e melhoradas, à falta de formação e de conhecimentos técnicos, à presença de pragas e predadores, à aplicação de pesticidas e herbicidas, à falta de água e a uma gestão deficiente.

Conforme relatado pelos inquiridos da amostra, 95,59% dos apicultores da amostra usavam recipientes de plástico, 2,94% usavam tampas de potes de barro e 1,47% usavam tampas de cabaça, não havia uso de recipientes de metal (Figura 8). Rivera *et al.* (2007) relataram que a maioria dos agricultores armazena o mel em potes de barro até o consumo ou venda. Os agricultores utilizam recipientes tradicionais que, tecnicamente, não são instalações de armazenamento adequadas, pois provocam uma cristalização rápida, a fermentação do mel e a alteração do seu aspeto e sabor gerais (Tesfaye e Tesfaye, 2007).

4.2.3 **Principais obstáculos a um sistema eficaz de produção de mel na zona de estudo**

A Nigéria dispõe de imensos recursos naturais para a atividade apícola. No entanto, como qualquer outra atividade pecuária, este sub-sector tem sido afetado por constrangimentos complicados. Os constrangimentos de produção prevalecentes no subsector apícola do país variam consoante a agroecologia das áreas onde as actividades são desenvolvidas (Ayalew, 1994; Edessa, 2002).

Os apicultores entrevistados mencionaram que os principais constrangimentos da apicultura no distrito são: pragas e predadores (75%); pesticidas e predadores (23,53%) e migração (1,47%). Este resultado está de acordo com o relatório de Kerealem *et al.* (2009): "escassez de forragem para as abelhas", "ameaça de pesticidas, "pragas e predadores das abelhas", desenvolvimento deficiente de infra-estruturas, "escassez de equipamento apícola", que foram referidos como os principais constrangimentos da apicultura. Também concorda com Yirga *et al.* (2012) que as pragas e os predadores das abelhas, a migração e a escassez de forragem para as abelhas foram os principais constrangimentos que afectaram o subsector do mel. As pragas e os predadores causam danos graves e devastadores nas colónias de abelhas melíferas num curto período de tempo e mesmo de um dia para o outro. Os apicultores entrevistados afirmaram que as principais pragas e predadores das abelhas no distrito eram: traça da cera, aranha, formigas, aves abelharucas, texugo do mel e escaravelhos são os problemas mais graves para o desenvolvimento da apicultura. Este resultado está de acordo com o relatório de Kerealem (2005) 'formigas, texugo do mel, pássaros abelharucos, traça da cera, aranha e escaravelhos' foram as pragas e predadores mais nocivos, de modo a diminuir a importância da apicultura. Do mesmo modo, muitos investigadores concluíram que o ataque de formigas é o problema mais grave no sector da apicultura (Edessa, 2005; Desalegn, 2007). O resultado também foi corroborado pelo estudo de Gidey *et al.* (2012), que referiu que as pragas das abelhas, os predadores e a fuga são os principais constrangimentos que afectam o subsector do mel no norte da Etiópia.

Uma vez que a população do Governo Local de Bokkos é maioritariamente reconhecida pela produção de batata, milho e outras culturas hortícolas, recorre a pulverizações químicas, tais como pesticidas e herbicidas, para controlar as ervas daninhas, sem ter em conta os danos causados às colónias de abelhas. Os agricultores entrevistados afirmaram que várias colónias de abelhas morrem ou fogem da sua colmeia devido ao uso extensivo de agro-químicos na área de estudo. A pulverização química utilizada pelos agricultores também está a afetar a forragem das abelhas, como as ervas e os arbustos que são utilizados como fonte de alimento ou de forragem e néctar para as abelhas. A utilização de pesticidas que matam as abelhas e de herbicidas não é tóxica para as colónias de abelhas, mas destrói muitas plantas que são valiosas para as abelhas como fontes de pólen e néctar (Kerealem *et al.*, 2009). A escassez de forragem para as abelhas pode ser atribuída à elevada ameaça de desflorestação na área de estudo, uma vez que a maioria dos apicultores afirmou que as árvores são constantemente abatidas para a produção de madeira, construção, lenha e expansão das terras agrícolas. Estes factores causam escassez de forragem para as abelhas, especialmente durante a estação seca. A maioria dos apicultores de Bokkos L.G.A. tem migrado as suas colónias de abelhas da sua área para outra área, especialmente durante a estação seca, como observado pelos apicultores em busca de forragem para as abelhas. A eliminação de boas espécies de árvores produtoras de néctar e pólen em muitas áreas torna difícil manter as colónias de abelhas sem alimentação (Kerealem, 2005). Outros constrangimentos identificados pelos apicultores incluem a danificação de colmeias e o roubo de colmeias por ladrões. Folayan e Bifarin (2013) concluíram que os produtores de mel estavam altamente limitados pelo elevado custo de instalação das colmeias e pela falta de fundos. O sector da apicultura depende de uma flora saudável e de um ambiente saudável. Nos últimos anos, a maioria dos países, incluindo a Nigéria, tem assistido a alterações ambientais em termos de padrões erráticos de precipitação e desflorestação. Se estes problemas se agravarem, o sector da apicultura pode ser afetado (Oxfam, 2011).

CAPÍTULO 5

5.0 RESUMO, CONCLUSÃO E RECOMENDAÇÃO

5.1 Resumo e conclusão

A produção de mel é uma forma poderosa de combater a pobreza ao nível das bases. Pode ser uma via útil para melhorar a economia rural. A apicultura deve ser considerada como uma óptima fonte de criação de emprego para a população rural, a fim de reduzir a pobreza. Também serve como uma via para a capacitação económica, garantindo a segurança alimentar das famílias e a redução da pobreza. Os resultados obtidos mostraram que a maioria das pessoas em Bokkos L.G.A. são agricultores, do sexo masculino, casados, na faixa etária de 40-49 anos e não sabem ler e escrever. O tipo de apicultura mais utilizado é a colmeia tradicional, que se observou produzir mais mel. A maior parte das colónias obtidas pelos apicultores provinha dos pais e estava pendurada na floresta. O mel era sobretudo armazenado em recipientes de plástico e as colónias eram por vezes inspeccionadas. Os constrangimentos mais importantes à produção de mel na área de estudo foram: pragas e predadores; pesticidas e predadores; migração. O estudo revelou que a produção de mel na área de estudo é regida por muitos factores que incluem: custo elevado do equipamento apícola moderno e dos acessórios, baixa qualidade dos produtos de mel, falta de formação em práticas apícolas modernas e fraco desenvolvimento de infra-estruturas.

5.2 Recomendação

A investigação reconhece algumas insuficiências no decurso deste trabalho de investigação. Por conseguinte, são feitas as seguintes recomendações para trabalhos de investigação futuros;

1. É necessário um estudo mais aprofundado sobre a caraterização das abelhas melíferas da região, a identificação de pragas, predadores e doenças que afectam a apicultura.

2. Este estudo deveria ser realizado numa escala mais alargada, abrangendo outras localidades do estado de Plateau e o país em geral.

3. O governo deveria conceder facilidades de crédito a uma taxa de juro baixa aos apicultores, a fim de aumentar a produção de mel.

4. É necessário que o governo subsidie o custo de alguns equipamentos essenciais para a apicultura.

5. O governo e as organizações não governamentais devem ajudar na formação dos apicultores locais para melhorar a sua tecnologia apícola, passando do método local para o método moderno de apicultura.

REFERÊNCIAS

Addis, A., Malede B. (2004). Análise química do mel e principais desafios do mel em Gondar e arredores, Etiópia. *Aca. J. Nut* 3 (1)

Adebolu, T. T. (2005). Efeito do mel natural em isolados locais de bactérias causadoras de diarreia no sudoeste da Nigéria. *Jornal Africano de Biotecnologia,* 4(10), 1172-1174.

Ayalew, K. (1994). Beekeeping manual. Agri-Service Ethiopia, Países de Adis Abeba. Lynne Rienner Publishers, Boulder, Londres: p. 57.

Ayansola, A. (2009). Honeybees: Bio-ecologia, Métodos de Produção e Utilização do Mel. Ile-Ife: ObafemiAwolowo University Press, P. 70

Afar-Furo, M.R. (2007). Avaliação da perceção das comunidades agrícolas relativamente à adoção da apicultura como uma fonte viável de rendimento no estado de Adamawa, Nigéria. *Apiacta,* 42: 115

Al-Waili, N.S. e Boni, N.S. (2004). O mel aumentou o teor de saliva, plasma e urina das concentrações totais de nitrito em indivíduos normais. *J. Med. Food.* 7(3):377-8011.

Al-Waili, N.S. e Boni, N.S. (2003). O mel natural reduz as concentrações de prostaglandina no plasma em indivíduos normais. *J. Med. Food* 6(2):129-33

Alvarez-Suarez, J. M., Tulipani, S., Bertoli, S. R.E. e Battino, M. (2010). Contribuição do mel na nutrição e na saúde humana: uma revisão. *Revista Mediterrânica de Nutrição e Metabolismo,* 3, 15-23.

Abelhas 'produzindo mel colorido de M&M's'". Telegraph.co.uk. 4 de outubro de 2012. Recuperado em 30 de dezembro de 2014.

Badawy O. F. H., Shafii S. S. A., Tharwatt E. E. & Kamal A. M. (2004). A atividade antibacteriana do mel de abelha e a sua utilidade terapêutica contra a infeção por Escherichia coli 0157; H7 e *Salmonella Typhimurium.* Rev. Sci. Technol Int., Epiz, 23: 10111-10122.

Beyene, T.& David, P. (2007). Garantir aos pequenos produtores da Etiópia um acesso sustentável e justo aos mercados do mel. Documento preparado para a International Development Enterprises (IDE) e a Ethiopian Society for Appropriate Technology (ESAT), Addis Abeba, Etiópia

Bogdanov, S. (2009). "Propriedades físicas do mel" (PDF). Arquivado do original (PDF) em 20 de setembro de 2009.Krell, pp. 5-6Root, p. 348

Bradbear, N. (1991). Declaração de Banjul sobre as abelhas. In: Actas do Primeiro Seminário de Investigação sobre Abelhas da África Ocidental (Ed.) Gâmbia: Bakau, pp. 80-82.

Cantarelli, M. A., Pellerano, R. G., Marchevsky, E. J. e Camina, J. M. (2008). Qualidade do mel da Argentina: estudo da composição química e oligoelementos. *Revista da Sociedade Argentina de Química,* 96: 33-41.

Chala, K., Taye, T. e Kebede D. (2013). Sistema de produção e comercialização no Distrito de Gomma, Sudoeste da Etiópia, *G.J.Bus.Mana.Stu* 3 (3): 99-107

Damerow, G. (2011). The Backyard Homestead Guide to Raising Farm Animals: Choose the Best Breeds for Small-Space Farming, Produce Your Own Grass-Fed Meat, Gather Fresh Eggs, Collect Fresh Milk, Make Your Own Cheese, Keep Chickens, Turkeys, Ducks, Rabbits, Goats, Sheep, Pigs, Cattle, & Bees. Storey Publishing, LLC. pp. 167-. ISBN 978-1-60342-697-8. Recuperado em 5 de janeiro de 2016.

Definition of Honey and Honey Products" (PDF). honey.com - Aprovado pelo National Honey Board. 15 de junho de 1996. Arquivado do original (PDF) em 3 de dezembro de 2007.

Definição de mel e produtos derivados do mel" (PDF). Conselho Nacional do Mel de Issac. Recuperado em 3 de fevereiro de 2011. Mel misturado: Mistura homogénea de dois ou mais méis que diferem em termos de fonte floral, cor, sabor, densidade ou origem geográfica.

Dunford C, Cooper R, Molan P. e White (2000). A utilização de mel no tratamento de feridas. *Nurs Standard* 15(11): 63-8

Edessa, N. (2002). Inquérito sobre o sistema de produção de mel na Zona Oeste de Shoa (não publicado). Holeta Bee Research Center (HBRC), Etiópia.15p

Flottum, K. (2010). The Backyard Beekeeper: An Absolute Beginner's Guide to Keeping Bees in Your Yard and Garden [O apicultor do quintal: Guia para manter abelhas no seu quintal e jardim]. Quarry Books. pp. 170-. ISBN 978-1-61673-860-0. Recuperado em 5 de janeiro de 2016.

Famuyide, O.O., Adebayo, O., Owese, T., Azeez, F.A., Arabomen, O., Olugbire, O.O e Ojo, D

(2014).Contribuições económicas da produção de mel como meio de estratégia de subsistência no estado de Oyo. *Revista Internacional de Ciência e Tecnologia.* 3 (1), 7 - 11.

Folayan, J. A. e Bifarin, J. O (2013). Análise da rentabilidade da produção de mel no Governo Local de Edo North da Área do Estado de Edo, Nigéria. *Jornal de Economia e Desenvolvimento Agrícola,* 2(2), 60-64.

Gichora, M. (2003). Towards realization of Kenya's full bee keeping potential. Um estudo de caso do distrito de Baringo. Ecology and development, série No. 6. Guvillierverlag Gottingen, Alemanha. P157

Gounari, S. (2006). "Estudos sobre a fenologia de Marchalinahellenica (gen.) (Hemiptera: *coccoidea, margarodidae)* em relação ao fluxo de melada". *Journal of apicultural research.* 45 (1): 8-12.

James, O. O, Mesubi, M. A., Usman, L. A., Yeye, S. O.&Ajanaku, K. O. (2009). Características físicas de algumas amostras de mel do centro-norte da Nigéria. *Revista Internacional de Ciências Fisicas,* 4: 464 -470.

Jansen, R., Embden, J. D. A., van Gaastra, W. &Schouls, L. M. (2002). Identificação de genes que estão associados a repetições de DNA em procariotas. *MolMicrobiol* 43, 1565-1575.

Kantor, Z., Pitsi, G. &Thoen, J. (1999). "Temperatura de transição vítrea do mel como uma função das propriedades reológicas e melisopalinológicas do mel" (PDF).

Minerva Scientific. Recuperado em 10 de dezembro de 2012. Se, no entanto, forem efectuadas medições reológicas numa determinada amostra, pode deduzir-se que a amostra é predominantemente Manuka (Gráfico 2) ou Kanuka (Gráfico 3) ou uma mistura das duas espécies de plantas

Krell, R. (1996). Value-added Products Froom Beekeeping (Produtos de Valor Acrescentado da Apicultura). Food & Agriculture Org. pp. 25. ISBN 978-92-5-103819-2. Recuperado em 5 de janeiro de 2016.

Conselho Nacional do Mel. "Carboidratos e a doçura do mel". Último acesso em 1 de junho de 2012.

Nuru, A. (1999). Estado de qualidade da classificação do mel da Etiópia. In: Actas da Primeira Conferência Nacional da Associação de Apicultores da Etiópia, Adis Abeba, Etiópia

Shapiro, R.L., Hatheway, C., Swerdlow, D.L. (1998). "Botulismo nos Estados Unidos: A Clinical and Epidemiologic Review". *Anais de Medicina Interna.* 129 (3): 221-8.

Noori, A., Wael, N. H., Gamal, B., Ahmed, A., Hamza, A., Khelod, S. e Thia, A. (2015). Própolis e veneno de abelha em feridas diabéticas; uma abordagem potencial que justifica a investigação clínica, *Afr J Tradit Complement Altern Med.* 12(6):1-11

Musa, L. A., Peters, K.J. e Ahmed, M. A. (2006): Caracterização na exploração dos sistemas de produção das raças bovinas Butana e Kenana no Sudão. *Livestock research for rural development* 18 (12).

O'Meara, S., Al-Kurdi, D., Ologun, Y., Ovington, L.G., Martyn-St James, M. e Richardson, R. (2014). Antibióticos e anti-sépticos para úlceras venosas de perna". Cochrane Database Syst Rev (Revisão sistemática).

pH e ácidos no mel" (2006). National Honey Board Food Technology/Product Research Program.

Oduntan, C. (1999). The Practice of Beekeeping. Abeokuta: Bee Craft Publishers, p. 110.

Oyeleke, S. B., Dauda, B. E. N., Jimoh, T. e Musa, S. O (2010). Análise Nutricional e Efeito Antibacteriano do Mel em Patógenos Bacterianos de Feridas, *Journal of Applied Sciences Research,* 6(11), 1561-1565.

Rozaini, M.Z.,Zuki, M. Noordi, Y. Norimah e Haki, A.N. (2004). Os efeitos de diferentes tipos de mel na avaliação da resistência à tração da cicatrização de tecidos de feridas de queimaduras. *Int. J. Applied Res. Vet. Med.,* 2: 290-296.

Subramanian, R., Hebbar, H. U. e Rastogi, N. K. (2007). "Processamento de mel: A Review". *Jornal Internacional de Propriedades Alimentares.* 10: 127-143.

Sharma, R. (2005). Melhore a sua saúde! Com mel. Diamond Pocket Books. pp. 33-. ISBN 978-81-288-0920-0. Recuperado em 5 de janeiro de 2016.

Surendra, R. J. (2008). Honey in Nepal Approach, Strategy and Intervention for Subsector Promotion [O mel no Nepal: abordagem, estratégia e intervenção para a promoção do subsector]. Deutsche GesellschaftfurTechnische

Tessega, B. (2009). Sistemas de produção e comercialização de abelhas, constrangimentos e oportunidades no distrito de Burie da região de Amhara, Etiópia. Tese apresentada ao Departamento de Ciência e Tecnologia Animal, Escola de Estudos Graduados da Universidade Bahirdar.

Tesfaye, K. e Tesfaye, L. (2007). Estudo do sistema de produção de mel no distrito de Adami Tulu

JidoKombolcha no vale do rift médio da Etiópia. Livestock Research for Rural Development 19 (11) 2007.

Tomasik, P. (2004) Chemical and functional properties of food saccharides, CRC Press, p. 74, ISBN 0-8493-1486-0   48

Williams, A., Bax, N. J. e Kloser, R. J. (2009). Comentários sobre "Comment on: Williams et al. (2009) Australia's deep-water reserve network: implications of false homogeneity for classifying abiotic surrogates of biodiversity, *ICES Journal of Marine Science*, 66: 214-224"

Wilkins, A.L. e Lu, Y. (1995). "Extractives from New Zealand Honeys. 5. Aliphatic Dicarboxylic Acids in New Zealand Rewarewa (Knighteexcelsa) Honey". *J. Agric. Food Chem.* 43 (12): 3021-3025.

I want morebooks!

Buy your books fast and straightforward online - at one of world's fastest growing online book stores! Environmentally sound due to Print-on-Demand technologies.

Buy your books online at
www.morebooks.shop

Compre os seus livros mais rápido e diretamente na internet, em uma das livrarias on-line com o maior crescimento no mundo! Produção que protege o meio ambiente através das tecnologias de impressão sob demanda.

Compre os seus livros on-line em
www.morebooks.shop

Printed by Books on Demand GmbH, Norderstedt / Germany